河南省工程建设标准

建筑垃圾再生骨料透水铺装应用技术规程

Technical specifications for application of permeable pavement of recycled aggregate made of construction and demolition waste

DBJ41/T187-2017

主编单位:河南省建筑科学研究院有限公司
批准单位:河南省住房和城乡建设厅
施行日期:2018 年 2 月 1 日

U0285839

黄河水利出版社

2018 郑州

图书在版编目(CIP)数据

建筑垃圾再生骨料透水铺装应用技术规程/河南省建筑科学研究院有限公司主编.—郑州:黄河水利出版社,2017.12

ISBN 978 - 7 - 5509 - 1938 - 9

Ⅰ.①建… Ⅱ.①河… Ⅲ.①建筑垃圾 - 骨料 - 透水路面 - 路面铺装 - 技术规范 Ⅳ.①TU755.1 - 65

中国版本图书馆 CIP 数据核字(2017)第 324245 号

出 版 社:黄河水利出版社
　　　　地址:河南省郑州市顺河路黄委会综合楼 14 层　　邮政编码:450003
发行单位:黄河水利出版社
　　　　发行部电话:0371 - 66026940、66020550、66028024、66022620(传真)
　　　　E-mail:hhslcbs@126.com
承印单位:河南瑞之光印刷股份有限公司
开本:850 mm × 1 168 mm　1/32
印张:1.875
字数:47 千字　　　　　　　　　印数:1—2 000
版次:2017 年 12 月第 1 版　　　　印次:2017 年 12 月第 1 次印刷

定价:20.00 元

河南省住房和城乡建设厅文件

豫建设标〔2018〕4 号

河南省住房和城乡建设厅关于发布
河南省工程建设标准《建筑垃圾再生骨料
透水铺装应用技术规程》的通知

各省辖市、省直管县(市)住房和城乡建设局(委),郑州航空港经济综合实验区市政建设环保局,各有关单位:

由河南省建筑科学研究院有限公司主编的《建筑垃圾再生骨料透水铺装应用技术规程》已通过评审,现批准为我省工程建设地方标准,编号为 DBJ41/T187-2017,自 2018 年 2 月 1 日起在我省施行。

此标准由河南省住房和城乡建设厅负责管理,技术解释由河南省建筑科学研究院有限公司负责。

河南省住房和城乡建设厅
2018 年 1 月 15 日

前　言

根据河南省人民政府《关于加强城市建筑垃圾管理促进资源化利用的意见》豫政〔2015〕39号和河南省住房和城乡建设厅《关于印发〈2017年度河南省第一批工程建设标准制订修订计划〉的通知》豫建设标〔2017〕22号的要求，河南省建筑科学研究院有限公司组织相关单位，广泛调查研究，认真总结实践经验，参考国内外有关标准，在广泛征求意见的基础上，编制了本规程。

本规程的主要技术内容包括：1 总则；2 术语；3 基本规定；4 材料；5 设计；6 施工；7 质量检验与竣工验收。

本规程在执行过程中，请各相关单位注意总结经验，积累资料，随时将有关意见和建议反馈给河南省建筑科学研究院有限公司（地址：郑州市金水区丰乐路4号，邮编：450053）。

主编单位：河南省建筑科学研究院有限公司

参编单位：河南省建筑工程质量检验测试中心站有限公司

郑州市工程质量监督站

三门峡豫建工程检测有限责任公司

主要起草人员：钱　伟　梅莉莉　汪天舒　陈　捷　王红心

孟　程　刘素瑞　杨贵永　杜　沛　郑　颖

张向民　堵忠领　王　杰　刘　牧　陈金光

严　华　韩　斌　张　沛　李根深　李卫民

肖理中　秦明霞　杜　虎　宋钦帅　庞　森

李　岩　赵勇刚　李　健　宁宝平　董　博

主要审查人员：刘立新　张利萍　韩　阳　陈汉昌　雷　霆

张　维　李守坤

目　次

1 总　则

1.0.1　为贯彻国家节约资源、保护环境的政策,推动建筑垃圾再生骨料的应用,做到安全适用、经济合理、技术先进、确保质量,制定本规程。

1.0.2　本规程适用于新建、扩建、改建的城镇道路工程、室外工程、园林工程中的轻荷载道路、广场和停车场等路面(地面)采用建筑垃圾再生骨料进行透水铺装的设计、施工与验收。

1.0.3　建筑垃圾再生骨料透水铺装路面(地面)的设计、施工、验收除执行本规程外,尚应符合国家现行相关标准、规范的规定。

2 术 语

2.0.1 建筑垃圾再生骨料 recycled aggregate made of construction and demolition waste

将建筑垃圾中的混凝土、砂浆、石、砖瓦等加工而成的骨料。

2.0.2 透水铺装 permeable pavement

能使降水通过空隙率较高、透水性能良好的结构层,直接渗入土基层中,使雨水还原为土壤水的铺装形式。

2.0.3 再生骨料透水砖 water permeable brick prepared by recycled aggregate

以再生骨料、水泥以及必要时添加的天然骨料为主要原料,加入适量的外加剂或掺合料,加水搅拌后成型,经养护而成的透水砖。

2.0.4 再生骨料透水水泥混凝土 pervious recycled aggregate concrete

再生骨料取代率30%及以上的透水水泥混凝土。

2.0.5 透水系数 permeability coefficient

表示再生骨料透水砖或再生骨料透水水泥混凝土透水性能的指标。

2.0.6 连续孔隙率 continuous void rate

材料内部存在的开孔孔隙体积与材料毛体积之比值。

3 基本规定

3.0.1 透水铺装的设计应与排水管线及其他相关附属设施相互协调,应满足透水性能要求,且不影响现有管线及附属设施。

3.0.2 透水铺装路面除应满足相应的透水功能外,尚应满足设计荷载、抗冻性及抗滑性的要求。

3.0.3 透水铺装路面结构组合类型的选择应根据路面荷载、土基承载能力和均匀性、冻胀性以及地下水的分布情况来确定。

3.0.4 透水铺装路面下的土基应具有一定的渗透能力,土壤渗透系数应不小于 1.0×10^{-4} cm/s,且渗透面距离地下水位应大于1.0 m。

3.0.5 再生骨料透水砖、再生骨料透水水泥混凝土及透水水泥稳定碎石的连续孔隙率应不小于 15%,渗透系数应不小于 1.0×10^{-2} cm/s。

3.0.6 透水铺装路面坡度不宜小于 1.0%。特殊路段或步行广场可根据实际情况结合其他排水设施设置纵、横坡度。

3.0.7 对有潜在陡坡坍塌、滑坡、自然环境造成危害的场所以及严寒地区的路面工程不应采用透水铺装。

3.0.8 建筑垃圾再生骨料透水铺装路面的设计、施工,应根据当地的水文、地质、气候环境等不同情况,采取相应的技术措施,并与道路设计、排水设计、管线设计等专业配合、协调。

4 材 料

4.0.1 制备再生骨料透水水泥混凝土用再生骨料宜选用以混凝土和石块为主的建筑垃圾原料,不得使用被污染或腐蚀的建筑垃圾。

4.0.2 再生骨料透水水泥混凝土面层用再生粗骨料性能指标应符合现行行业标准《再生骨料透水混凝土应用技术规程》CJJ/T253 的规定;透水基层用再生粗骨料性能指标应满足现行国家标准《混凝土用再生粗骨料》GB/T25177 中的Ⅲ类再生粗骨料的性能要求。再生粗骨料的性能试验方法应执行现行国家标准《混凝土用再生粗骨料》GB/T25177 的有关规定。

4.0.3 再生细骨料性能指标应符合现行国家标准《混凝土和砂浆用再生细骨料》GB/T25176 的相关规定。

4.0.4 再生骨料透水水泥混凝土宜采用强度等级不低于 42.5 级的硅酸盐水泥或普通硅酸盐水泥。水泥应符合现行国家标准《通用硅酸盐水泥》GB175 的规定。

4.0.5 除再生骨料外的其他骨料应符合现行行业标准《透水水泥混凝土路面技术规程》CJJ/T135 的规定。

4.0.6 再生骨料透水水泥混凝土宜采用粉煤灰、粒化高炉矿渣粉、硅灰等矿物掺合料,且粉煤灰等级不宜低于Ⅱ级;粒化高炉矿渣粉不宜低于 S95 级。粉煤灰、粒化高炉矿渣粉和硅灰应分别符合现行国家标准《用于水泥和混凝土中的粉煤灰》GB/T1596、《用于水泥和混凝土中的粒化高炉矿渣粉》GB/T18046 和《砂浆和混凝土用硅灰》GB/T27690 的规定。

4.0.7 再生骨料透水水泥混凝土用外加剂应符合现行国家标准

《混凝土外加剂》GB8076 和《混凝土外加剂应用技术规范》GB50119 的规定。

4.0.8 再生骨料透水水泥混凝土用水应符合现行行业标准《混凝土用水标准》JGJ63 的相关规定。

4.0.9 再生骨料透水水泥混凝土用增强料应符合现行行业标准《透水水泥混凝土路面技术规程》CJJ/T135 的规定。

4.0.10 再生骨料透水砖的外观质量、尺寸偏差、力学性能、物理性能等技术要求应符合现行行业标准《再生骨料地面砖和透水砖》CJ/T400 的规定。

4.0.11 再生骨料透水水泥混凝土的性能应符合现行行业标准《再生骨料透水混凝土应用技术规程》CJJ/T253 的规定。

4.0.12 再生骨料透水水泥混凝土的配合比可按现行行业标准《再生骨料透水混凝土应用技术规程》CJJ/T253 的相关规定设计。

4.0.13 按道路的功能选择相应等级的再生骨料透水砖和再生骨料透水水泥混凝土,再生骨料透水水泥混凝土的凝结时间应满足施工要求。

4.0.14 再生骨料透水水泥混凝土中浆体应均匀包裹骨料,不应淌浆;骨料颗粒黏结良好,不应松散。

5 设 计

5.1 一般规定

5.1.1 透水路面结构可由面层、找平层(根据面层材料选定)、基层(含底基层)、垫层组成。如图 5.1.1 所示。典型的透水路面结构可参见附录 A。

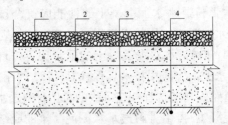

1—面层;2—基层(含底基层);3—垫层;4—土基

图 5.1.1 透水路面基本结构组成

5.1.2 透水路面各结构层功能如表 5.1.2 所示。

表 5.1.2 透水路面各结构层功能一览表

结构层	功能	说明
面层	直接承接荷载、透水、储水、抗磨耗、抗滑	—
找平层	透水、储水、施工找平、连接面层与基层	当面层结构为透水水泥混凝土,或面层为小尺寸的透水砖时可不设置
基层	主要承受荷载、透水、储水	—
垫层	防止渗入路床的水或地下水因毛细现象上升,缓解含水土基冻胀对路面结构整体稳定的影响	当土基为透水性能较好的砂性土或底基层材料为级配碎石时,可不设垫层

5.2 土 基

5.2.1 土基应符合下列规定：

1 土基中不得含有不易压实的杂物。

2 土基必须密实、均匀、稳定。土基顶面压实度宜为90% ~ 93%（重型）。

3 在透水人行道与车行道分界的位置，在0.5 m的范围内，压实度应按照车行道压实度要求进行控制。

5.2.2 垫层应符合下列规定：

1 垫层厚度宜为（40 ~ 50）mm，设置在基层下面，作为反滤层。

2 透水人行道垫层材料宜采用透水性能较好的中砂或粗砂，铺筑应均匀、平整、密实。

5.3 基 层

5.3.1 基层顶面压实度应达到95%（重型）。基层厚度宜为150 ~ 300 mm。

5.3.2 级配碎石基层骨料应符合下列规定：

1 基层压碎值不大于26%，底基层压碎值不大于30%。

2 公称粒径不宜大于26.5 mm。

3 骨料中粒径小于0.075 mm的颗粒含量不超过3%。

4 碎石级配应满足表5.3.2的要求。

表5.3.2 级配碎石的骨料级配要求

筛孔尺寸（mm）	26.5	19	13.2	9.5	4.75	2.36
通过质量百分率（%）	100	85 ~ 95	65 ~ 80	55 ~ 70	55 ~ 70	0 ~ 2.5

5.3.3 再生骨料透水水泥混凝土基层应符合下列规定：

1 再生骨料透水水泥混凝土适用于一般土基。

2 骨料应满足下列要求:基层压碎值不应大于26%;最大粒径不应大于31.5 mm;小于2.36 mm的颗粒含量不应大于7%。

3 再生骨料透水水泥混凝土有效孔隙率不应小于15%。

4 再生骨料透水水泥混凝土级配应满足表5.3.3的要求。

表5.3.3 再生骨料透水水泥混凝土级配要求

筛孔尺寸(mm)	31.5	26.5	19	9.5	4.75	2.36
通过质量百分率(%)	100	90~100	72~89	17~71	8~16	0~7

5.3.4 透水水泥稳定碎石基层应符合下列规定:

1 透水水泥稳定碎石适用于一般土基。

2 骨料应满足下列规定:基层压碎值不应大于30%;最大粒径不宜大于31.5 mm;粒径小于0.075 mm的颗粒含量不应大于2%。

3 透水水泥稳定碎石有效孔隙率不应小于15%。

4 透水水泥稳定碎石级配要求可参照表5.3.4要求。

表5.3.4 透水水泥稳定碎石级配要求

筛孔尺寸(mm)	31.5	26.5	19	16	9.5	4.75	2.36	0.075
通过质量百分率(%)	100	75~100	50~85	35~60	20~35	0~10	0~2.5	0~2

5.3.5 底基层应符合下列规定:

1 底基层必须密实、均匀、稳定,顶面压实度应达到93%(重型)。

2 底基层应具有足够的强度、透水性能良好、水稳定性好的透水材料,如级配碎石。底基层厚度宜为(100~150)mm。

5.3.6 级配碎石、再生骨料透水水泥混凝土、透水水泥稳定碎石应采用能提供和保持较好摩擦性能的骨料,一般采用质地坚硬的碎石。骨料中的扁平、细长颗粒的总含量不应大于 10%，不应含有黏土块、植物等有害物质。50% 的骨料应具有两个以上破碎面。

5.3.7 再生骨料透水水泥混凝土、透水水泥稳定碎石应选用终凝时间较长的硅酸盐水泥或普通硅酸盐水泥，其物理性能和化学成分应符合国家有关标准的规定。水泥强度等级不应小于 42.5 MPa。

5.4 面 层

5.4.1 面层应平整、密实、抗滑、耐久、易清洁，其强度及透水性能应满足使用要求，并与周围环境相协调。

5.4.2 根据再生骨料透水路面的荷载、功能及地形地貌，选用强度等级及透水系数不同的再生骨料透水性材料。面层材料可选用再生骨料透水砖、再生骨料透水水泥混凝土等透水性材料。

5.4.3 再生骨料透水砖面层与基层之间应设置找平层，其透水性能不低于面层所采用的再生骨料透水砖。找平层可采用中、粗砂或干硬性水泥砂浆，厚度宜为（20～30）mm。

5.4.4 再生骨料透水水泥混凝土路面结构可分为全透水结构和半透水结构两种类型。全透水结构可由透水面层和透水基层组成；半透水结构可由透水面层、封层和基层组成。结构各组合层功能及采用材料应符合现行行业标准《再生骨料透水混凝土应用技术规程》CJJ/T253 的相关规定。

5.4.5 再生骨料透水水泥混凝土全透水面层结构设计，可分双面层（见图 5.4.5-1）及单面层（见图 5.4.5-2）设计两种类型。

5.4.6 再生骨料透水水泥混凝土双面层全透水结构设计时，应符合下列规定：

　　1 再生骨料透水水泥混凝土面层的强度等级应不小于 C20，透水下面层的透水系数不应小于透水上面层。

　　2 透水上面层的厚度宜为（30～60）mm，骨料最大粒径不宜

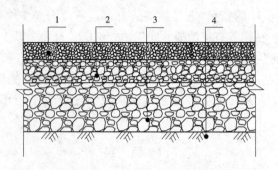

1—透水上面层;2—透水下面层;3—透水基层;4—土基

图 5.4.5-1 双面层全透水结构示意图

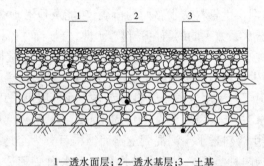

1—透水面层;2—透水基层;3—土基

图 5.4.5-2 单面层全透水结构示意图

大于 9.5 mm;透水下面层的厚度宜为(90～120)mm,骨料最大粒径不宜大于 16.0 mm。

5.4.7 再生骨料透水水泥混凝土单面层全透水结构设计时,应符合下列规定:

1 设计单面层全透水结构时,再生骨料透水水泥混凝土面层的强度等级不应小于 C20。

2 透水面层厚度宜为(100～180)mm,骨料最大粒径不宜大于 9.5 mm。

5.4.8 半透水结构可由透水上面层、透水下面层、封层和基层组成,见图5.4.8。当基层采用不透水的普通混凝土材料时,可不设封层。

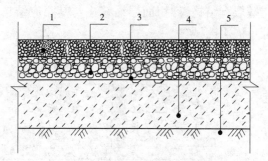

1—透水上面层;2—透水下面层;3—封层;4—基层;5—土基

图5.4.8 半透水结构示意图

5.4.9 再生骨料透水水泥混凝土半透水结构设计时,应符合下列规定:

1 透水上面层和透水下面层的强度等级不应小于C20,透水下面层的透水系数不应小于透水上面层的透水系数。

2 透水上面层的厚度宜为(40～60)mm,透水下面层的厚度宜为(120～160)mm。

3 当再生骨料透水水泥混凝土路面和机动车道相邻时,应采用半透水结构。

5.5 结构层与组合设计

5.5.1 设计再生骨料透水水泥混凝土面层时应设置缩缝(见图5.5.1),缩缝的设置应满足下列要求:

1 缩缝宜等间距布置,间距宜为(3～6)m,最小间距不宜小于板宽。

2 缩缝宜采用假缝形式,缝隙宽度宜为(3～8)mm,切缝深度不宜小于面层总厚度的1/3,且切到下面层的厚度不宜小于

20 mm。

3 广场每块板的平面不宜大于 25 m²,长宽比不宜超过 1.3。

4 当基层有结构缝时,面层缩缝应与其相应结构缝位置一致,缝内应填嵌柔性材料。

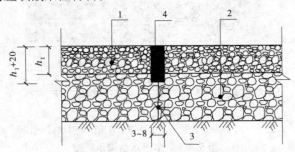

1—透水上面层;2—透水下面层;3—裂缝;4—柔性填缝胶;h_1—透水上面层厚度

图 5.5.1 缩缝构造剖面图 (单位:mm)

5.5.2 再生骨料透水水泥混凝土面层施工长度超过 30 m 或与其他构造物连接处(如侧沟、建筑物、铺面的连锁砌块、沥青铺面等)应设置胀缝(见图 5.5.2),胀缝间距宜为(30~50)m,胀缝缝隙宽度宜为(10~20)mm,胀缝应贯通透水上面层、透水下面层,并应符合现行行业标准《城镇道路路面设计规范》CJJ169 的要求。

5.5.3 当一层铺筑宽度小于面层宽度时,应设置纵向施工缝,位置宜设在路中轴线处。每日施工结束或临时中断施工时,应设置施工缝,其位置宜结合胀缝位置进行设置。

5.5.4 设在缩缝处的施工缝,应采用平缝形式(见图 5.5.4),缝隙宽度宜为(3~8)mm。设在胀缝处的施工缝,构造应与胀缝相同。

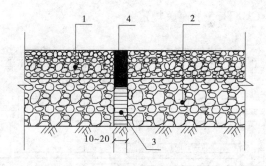

1—透水上面层;2—透水下面层;3—柔性填缝材料;4—柔性填缝胶

图5.5.2 胀缝构造剖面图 （单位:mm）

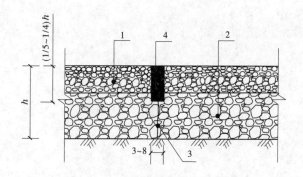

1—透水上面层;2—透水下面层;3—施工缝;4—柔性填缝胶;h—透水面层厚度

图5.5.4 缩缝处的施工缝构造剖面图 （单位:mm）

5.6 排水设计

5.6.1 当土基的渗透系数小于1.0×10^{-4} cm/s,且道路纵坡度大于2%时,为保证再生骨料透水砖路面最低点不产生积水,其透水结构应结合道路其他排水设施综合考虑,可参照图5.6.1设置。

5.6.2 再生骨料透水水泥混凝土路面的排水系统设计应符合现行行业标准《城市道路设计规范》CJJ37 和《透水水泥混凝土路面

技术规程》CJJ/T135 的有关规定。

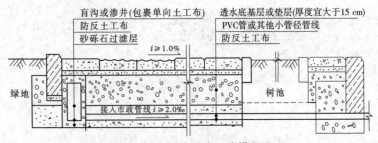

图 5.6.1　雨水排出设施横断面

6 施 工

6.1 一般规定

6.1.1 施工单位应具备相应的道路工程施工资质。

6.1.2 施工单位应建立健全施工技术、质量、安全生产管理体系，制定各项施工管理制度，并贯彻执行。

6.1.3 施工单位应在开工前编制施工组织设计。施工组织设计应根据合同、标书、设计文件和有关施工的法规、标准、规范、规程及现场实际条件编制。内容应包括施工部署、施工方案、保证质量和安全的保障体系与技术措施、必要的专项施工方案设计，以及环境保护、交通疏导措施等。

6.2 土基与基层施工

6.2.1 土基施工应符合下列规定：

1 行车道与采用透水铺装道路之间的距离若小于 50 cm，须在两者土基交界处设置隔水措施，且隔水深度不得小于 0.5 m。

2 路床开挖，清理土方，并达到设计标高，修整土基，清除杂物，找平、碾压、密实，压实度及外观须达到标准。

3 管线顶面覆土深度宜大于 70 cm，压实度亦应满足击实标准。

4 雨季施工或因故中断施工时，必须将施工层表面及时修理平整并压实。

6.2.2 垫层施工应符合下列规定：

1 通过试验确定松铺系数，并确定松铺厚度，再将料均匀地摊铺在预定的宽度上,表面应平整,具有规定的路拱。

2 整形后,即进行碾压,压实度达到标准。

3 垫层低洼和坑洞处,应仔细填补和压实,使其平整、密实。

6.2.3 基层应采用强度高、透水性能良好、水稳定性好的透水材料。根据路面使用功能的不同,基层材料可采用级配碎石、再生骨料透水水泥混凝土或者两者结合。

6.2.4 级配碎石基层施工应符合下列规定:

1 级配碎石适用于非机动车道的基层施工,厚度不小于100 mm。

2 在下承层上堆放基层骨料时,应经计算确定堆放间距。

3 当基层超过250 mm 时,须分两层铺设压实。

4 采用平地机或其他机具将料均匀摊铺在预定的宽度上,表面应平整,并具有规定的路拱。

5 应事先通过试验确定松铺系数并确定松铺厚度。人工摊铺级配碎石时,其松铺系数宜为1.40~1.50;平地机摊铺级配碎石时,其松铺系数宜为1.25~1.35。

6 整形后,即进行碾压,压实度采用重型击实标准。直线段,由两侧向路中心碾压,在有超高路段上,由内侧向外侧进行碾压。

6.2.5 再生骨料透水水泥混凝土基层施工应符合下列规定:

1 再生骨料透水水泥混凝土基层适用于非机动车道和停车场等基层,厚度不应小于100 mm。应按试验配合比进行配制,且应严格控制水泥用量和水灰比。

2 浇筑前,应先用水湿润路面,防止混凝土水分流失。浇筑应密实、均匀,成型后应采取养护措施,养护时间不得少于7 d。

6.2.6 基层完成后,应加强养护,必要时覆盖养护;并严禁车辆通行,不得出现车辙;如有损坏,应在铺设面层前采用相同材料修补压实,严禁用松散粒料填补。

6.2.7 找平层的施工应符合下列规定:

1 基层验收合格后方可铺设整平层,施工前对基层低洼、坑洞处应仔细填补压实。

2 在找平好的下承层上铺设中、粗砂找平层时,厚度为(3~5)cm,宽度应比铺装面宽(5~10)cm。

3 施工整平层时,面层应同步施工。应保证再生骨料透水砖铺设夯稳后整平层厚度不小于3 cm。

6.3 面层施工

6.3.1 再生骨料透水砖的铺设,应符合下列规定:

1 施工前必须将路缘石(若有)施工完成。路缘石施工时应先设定基准点和基准线,再砌筑路缘石。

2 应用经纬仪或直尺测定纵、横方格网,定好面砖基准线,并在路幅中线(或边线)上每隔(5~10)m安设一块再生骨料透水砖作平面、高程控制点。

3 参照基准线,按照设计要求,采用倒退式路线铺设。

4 相邻砖的接缝宽度应为(3±1)mm。在有超高时,外侧砖缝隙不得大于5 mm;砂垫层厚度应为(30±5)mm,铺筑到路边产生不大于20 mm的缝隙时,可适当调整路面砖之间的接缝宽度来弥补,不宜使用水泥砂浆填补。

5 铺设时应将砖轻轻平放,用橡皮锤由侧面及顶面敲实,不得损坏边角,也可采用高频小振幅板夯(80 Hz~90 Hz)振压2~3遍。铺完后,应采用小型振动碾压机由路边缘向中间路面碾压2~3次。

6 路面砖之间的接缝应用中砂灌满填实,接缝灌砂与振压要反复进行,直至灌满填实;不得采用干拌砂浆扫缝。

6.3.2 再生骨料透水砖铺设到特殊部位时,应符合下列规定:

1 检查井、污水井等圆形构造物周围部分路面应平顺过渡。

2 在路面边界或交界为直线时,可使用切断块铺筑,采用细石混凝土局部坐浆方式铺装,切断块最小宽度应不小于 30 mm。

3 平面弯曲路面的施工可采用调整透水砖接缝宽度进行,其中,弯道外周透水砖的接缝宽度不应大于 6 mm,弯道内周透水砖的接缝宽度不应小于 2 mm。当不满足上述要求时,应采用切割透水砖方式进行修正。

4 竖向弯曲路面的施工,应将路面基层及垫砂层采用竖向曲线过渡,其接缝宽度宜为(2～6)mm,如图 6.3.2-1 所示。

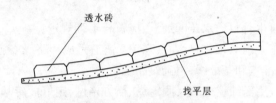

透水砖

找平层

图 6.3.2-1 竖向弯曲路面的施工

5 一字形铺装的路面,转角处透水砖的铺装方法可采用一字形或人字形的形式,如图 6.3.2-2 所示。

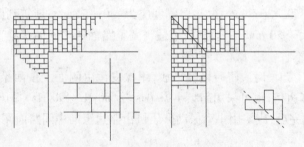

图 6.3.2-2 转角处透水砖的铺装方法

6.3.3 再生骨料透水水泥混凝土的施工工艺包括制备和运输、模板支设、摊铺、振捣和压实、接缝、养护等。

6.3.4 再生骨料透水水泥混凝土的制备和运输应符合下列规定:

1 宜采用强制式搅拌机进行搅拌,优先采用水泥裹石法,也可采用一次投料法。搅拌机的容量应根据工程量、施工进度等参数选择。

2 原材料宜采用电子计量仪器称量,仪器在使用前应进行校核。

3 拌合物从搅拌机出料后,运至施工地点进行摊铺、压实直至浇筑完毕所允许的最长时间,由实验室根据混凝土的初凝时间及施工气温确定,并应符合表6.3.4的规定。

表6.3.4 再生骨料透水水泥混凝土拌合物从搅拌机出料后
至浇筑完毕所允许的最长时间

施工气温 t(℃)	允许最长时间(min)
$5 \leqslant t < 10$	120
$10 \leqslant t < 20$	90
$20 \leqslant t < 30$	60
$30 \leqslant t < 35$	45

4 拌合物运输时要防止离析,注意保持湿度,必要时应采取遮盖等措施。

6.3.5 模板的支设应符合下列规定:

1 模板应选用质地坚硬、变形小、刚度大的材料,且应表面平整、无翘曲,立模顶面应平整。

2 模板应支设稳固、无扭曲,能承受施工荷载,相邻模板连接平顺。立模的平面位置与高程应符合设计要求,模板高度应与透水水泥混凝土路面厚度一致。模板与混凝土接触的表面应涂隔离剂。

3 应根据模板材料选择支设方法。木模板直线部分每(0.8~1.0)m应设一处支撑装置;弯道部分每(0.5~0.8)m应设一处支撑装置。木胶模板背后应加背楞,不得在基层上挖槽嵌入模板。

4 摊铺拌合物前,应检查模板的高度和支撑稳固情况。模板支设的检查方法与允许偏差应符合表 6.3.5 的相关规定。

表 6.3.5　模板支设的检查方法与允许偏差

检验项目	允许偏差（mm）	检验频率		检验方法
		范围	点数	
中线偏位	15	100 mm	2	用经纬仪、钢尺量
宽度	≤15	20 m	1	用钢尺量
顶面高程	±10	20 m	1	用水准仪量
相邻模板高度差	≤3	每连接处	1	用塞尺量
模板接缝宽度	≤3	每缝	1	用钢尺量
侧面垂直度	≤4	20 m	1	用水平尺、卡尺量
顶面平整度	≤2	每两缝间	1	用直尺、塞尺量

6.3.6 再生骨料透水水泥混凝土的摊铺应符合下列规定:

1 拌合物到达后应及时摊铺。根据摊铺方式、结构厚度和虚铺厚度系数来控制摊铺高度。虚铺厚度系数应通过试验确定,宜控制在 1.1～1.2 范围内。

2 当摊铺厚度不大于 200 mm 时,可一次摊铺;当摊铺厚度超过 200 mm 时,可分两次摊铺,下部厚度宜为总厚度的 3/5,且应考虑压实预留高度。

3 上面层应在下面层初凝之前进行摊铺,且铺设时间间隔不应大于 1 h。

6.3.7 再生骨料透水水泥混凝土的振捣和压实应符合下列规定:

1 应采用专用低频振动压实机,或采用平板式振捣器振动和专用滚压工具滚压。

2 采用低频振动压实机压实时,应辅以人工补料及找平。

3 压实后,宜使用抹平机对面层进行收面,必要时配合人工拍实、抹平。

6.3.8 接缝的施工应符合下列规定:

1 缩缝宜在混凝土强度达到(10~15)MPa 时锯缝。

2 灌缝前应确认缝壁及内部清洁、干燥。各接缝处填料和填缝胶应饱满,厚度应均匀。

3 胀缝设置应符合设计规定。胀缝上部的预留填缝空隙,宜采用提缝板留置。

6.3.9 再生骨料透水水泥混凝土的养护应符合下列规定:

1 面层施工完成后,应覆盖塑料薄膜等保湿材料及时进行保湿养护,养护时应保证路面清洁,塑料薄膜应保持完整,破损时应立即修补。

2 养护时间应根据混凝土强度的增长情况而定,不宜少于 14 d,应特别注重前 7 d 的保湿(温)养护,当混凝土强度达到设计强度的 80% 时,可停止养护。

3 养护过程中,应在路面周边设围挡。

6.4 季节性施工

6.4.1 施工中应根据工程所在地的气候环境,确定冬季、夏季和雨季施工的起止时间。

6.4.2 当室外日平均气温连续 5 d 低于 5 ℃时,再生骨料透水水泥混凝土路面不得施工。

6.4.3 当夏季施工时,再生骨料透水水泥混凝土拌合物应缩短运输、摊铺、压实等工序时间,浇筑完毕应及时覆盖、洒水养护。

6.4.4 当夏季施工时,搅拌站应有遮阳措施,模板和基层表面,在摊铺再生骨料透水水泥混凝土之前应洒水湿润。

6.4.5 当室外温度在 32 ℃及以上时,再生骨料透水水泥混凝土不宜进行拌和摊铺施工。当气温过高时,宜避开高温时段施工。

6.4.6 雨季施工应及时掌握气象条件变化,并应采取相应的防范措施,不宜在雨季进行基层施工,再生骨料透水水泥混凝土路面不得在雨季浇筑。

6.4.7 雨季施工应充分利用地形与现有排水设施,做好防雨及排水工作。

6.4.8 雨后摊铺基层时,应先对路基状况进行检查,符合要求后方可摊铺。

7 质量检验与竣工验收

7.1 一般规定

7.1.1 工程施工质量应按下列要求进行验收：

1 工程施工应符合本规程和相关专业验收规范的规定。

2 工程施工应符合工程勘察、设计文件的要求。

3 参加工程施工质量验收的各方人员应具备规定的资格。

4 工程质量的验收均应在施工单位自行检查评定合格的基础上进行。

5 隐蔽工程在隐蔽前，应由施工单位通知监理工程师和相关单位人员进行隐蔽验收，确认合格，并形成隐蔽验收文件。

6 对涉及结构安全和使用功能的分部工程应进行抽样检测。

7 承担复验或检测的单位应由具有相应资质的独立第三方担任。

7.1.2 工程竣工验收，应由建设单位组织验收组进行。验收组由建设、勘察、设计、施工、监理、设施管理等单位的有关负责人组成。亦可邀请有关方面专家参加。验收组组长由建设单位担任。

7.1.3 工程竣工验收应符合下列规定：

1 质量控制资料应符合本规程的相关规定。

检查数量：查全部工程。

检查方法：查质量验收、隐蔽验收、试验检验资料。

2 安全和主要使用功能应符合设计要求。

检查数量：查全部工程。

检查方法：查相关检验记录，并抽检。

3 观感质量检验应符合本规程的要求。

检查数量:查全部工程。

检查方法:目测并抽检。

7.1.4 工程竣工验收合格后,建设单位应按规定将工程竣工验收报告和相关文件报政府行政主管部门备案。

7.2 检验标准

7.2.1 土基压实度及外观检验标准应符合表 7.2.1 的规定,压实度可依据现行行业标准《公路路基路面现场测试规程》JTGE60 中环刀法测定。

表 7.2.1 土基压实度及外观检验标准

检查项目		单位	规定值及允许偏差	检验频率		检验方法
				范围	点/次	
压实度（重型）	路堤	%	≥90% 且≤93%	100 m	2	环刀法
	路堑(0~20)cm					
平整度		mm	≤20	30 m	1	用 3 m 直尺量
横坡		%	±0.3	30 m	1	用水准仪测量
宽度		mm	不小于设计值	40 m	1	用钢尺量

7.2.2 垫层的压实度及外观检验标准应符合表 7.2.2 的规定。

表 7.2.2 垫层的压实度及外观检验标准

检查项目	单位	规定值及允许偏差	检验频率		检验方法
			范围	次/点	
压实度（重型）	%	93%	100 m	2	灌砂法
平整度	mm	≤20	30 m	1	用 3 m 直尺量
横坡	%	±0.3	30 m	1	用水准仪测量
宽度	mm	不小于设计值	40 m	1	用钢尺量

7.2.3 级配碎石基层的施工质量控制标准应符合表7.2.3的规定。

表7.2.3　级配碎石基层的施工质量控制标准

检查项目	单位	规定值及允许偏差	检验频率		检验方法
			范围	次/点	
压实度(重型)	%	≥95%	100 m	2	灌砂法
平整度	mm	≤15	30 m	1	用3 m直尺量
横坡	%	±0.3	30 m	1	用水准仪测量
宽度	mm	不小于设计值	40 m	1	用钢尺量

7.2.4 再生骨料透水砖路面质量检验应符合下列规定:

1 路面外观不应有污染、空鼓、掉角及断裂等缺陷。

2 透水砖块形、颜色、厚度、强度应符合要求。

3 透水砖以同一块形、同一颜色、同一强度且以20 000块为一验收批;不足20 000块按一批计。每验收批试件性能应符合设计要求和现行行业标准《再生骨料地面砖和透水砖》CJ/T400的有关规定。

4 接缝用砂、垫层用砂分别以200 m^3 或300 t为一验收批,不足200 m^3 或300 t按一批计。

5 透水砖铺砌应平整、稳固,不得有翘动现象,灌缝应饱满,缝隙一致。

6 透水砖面层与路缘石及其他构筑物应接顺,不得有反坡积水现象。

7.2.5 再生骨料透水砖面层透水人行道允许偏差应符合表7.2.5的规定。

表 7.2.5　再生骨料透水砖面层透水人行道允许偏差

项目		规定值或允许偏差	检验频率		检验方法
			范围	点数	
平整度		≤5 mm	20 m	1	用 3 m 直尺和塞尺连续量取两次取最大值
宽度		不小于设计规定	40 m	1	用钢尺量
相邻块高差		≤2 mm	20 m	1	用塞尺量取最大值
横坡		±0.3%	20 m	1	用水准仪测量
纵缝直顺度		≤10 mm	40 m	1	拉 20 m 小线量 3 点取最大值
横缝直顺度		≤10 mm	20 m	1	沿路宽拉小线量 3 点取最大值
缝宽	透水砖	≤2 mm	20 m	1	用钢尺量 3 点取最大值
井框与路面高差		≤3 mm	每座	4	十字法,用塞尺量最大值

7.2.6　再生骨料透水水泥混凝土路面质量检验应符合下列规定：

1　水泥按同一生产厂家、同一等级、同一品种、同一批号且连续进场的水泥,袋装水泥不超过 200 t 为一批,散装水泥不超过 500 t 为一批。每批抽样一次,检查产品合格证、出厂检验报告,进场复验。

2　外加剂按进场批次和产品抽样检验方法确定。每批抽样一次,检查产品合格证、出厂检验报告,进场复验。

3　再生骨料按类别、规格及日产量确定批次:日产量为 2 000 t 及以下,每 600 t 为一批,不足 600 t 亦为一批;日产量为(2 000 ~ 5 000)t,每 1 000 t 为一批,不足 1 000 t 亦为一批;日产量超过 5 000 t,每 2 000 t 为一批,不足 2 000 t 亦为一批;对于建筑废物来源相同,日产量不足 600 t 的以连续生产不超过 3 d 且不大于 600 t

为一检验批。检查出厂合格证和抽检报告。

4 再生骨料透水水泥混凝土的抗压强度、透水性能应符合设计要求,主控项目质量要求见表7.2.6。

表7.2.6 再生骨料透水水泥混凝土路面

项目	规定值或允许偏差	检验频率		检验方法
		范围	数量	
抗压强度	符合设计要求	100 m³	1组	检查试块强度试验报告,按《混凝土强度检验评定标准》GB/T50107 执行
抗折强度		100 m³	1组	检查试块强度试验报告,按《混凝土强度检验评定标准》GB/T50107 执行
透水系数		500 m²	1组	检查试验报告,1组试件中每个试件的透水系数均满足设计要求
抗冻性能		5 000 m²	1次(共3组9块)	检查试验报告,按《普通混凝土长期性能和耐久性能试验方法标准》GB/T50082 执行
面层厚度	±5 mm	500 m²	1点	钻孔,用钢尺量

5 再生骨料透水水泥混凝土面层应平整,边角应整齐、无裂缝,不应有石子脱落现象。全数检查,观察、量测是否符合要求。

6 路面伸缩缝应垂直、平顺,缝内不应有杂物。伸缩缝在规定的深度和宽度范围应全部贯通。全数检查,观察、量测是否符合要求。

7.2.7 再生骨料透水水泥混凝土路面面层允许偏差应符合表7.2.7 的规定。

表 7.2.7　再生骨料透水水泥混凝土路面面层允许偏差

项目	规定值或允许偏差		检验范围		点数	检验方法
	道路	广场	道路	广场		
中线偏位	≤20 mm		100 m		1	用经纬仪测量
高程	±15 mm	±10 mm	20 m	施工单元	1	用水准仪测量
平整度	≤5 mm	≤7 mm	20 m	10 m × 10 m	1	用 3 m 直尺和塞尺连续量 2 次取最大值
宽度	不小于设计规定		40 m	10 m	1	用钢尺量
胀缩缝	±5 mm		40 m		1	用钢尺量
横坡	±0.3% 且不反坡		20 m		1	用水准仪测量
井框与路面高差	≤3 mm	≤5 mm	每座		1	十字法,用塞尺量最大值

附录 A 典型透水路面结构

典型透水路面结构一、二、三适用于一般黏性土、砂性土等具有一定透水性的土,如图 A.0.1 ~ 图 A.0.3 所示。典型透水路面结构四适用于均匀密实的旧沉积土土基,如图 A.0.4 所示。典型透水路面结构五、六适用于新填方土基或透水性能较差的土基,如图 A.0.5、图 A.0.6 所示。

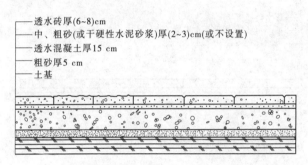

图 A.0.1 典型透水路面结构一

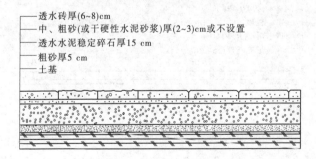

图 A.0.2 典型透水路面结构二

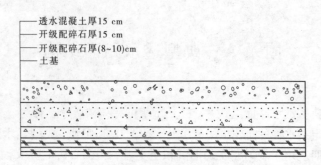

透水混凝土厚15 cm
开级配碎石厚15 cm
开级配碎石厚(8~10)cm
土基

图 A.0.3 典型透水路面结构三

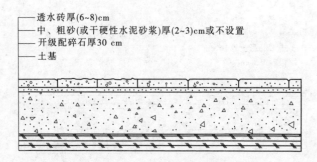

透水砖厚(6~8)cm
中、粗砂(或干硬性水泥砂浆)厚(2~3)cm或不设置
开级配碎石厚30 cm
土基

图 A.0.4 典型透水路面结构四

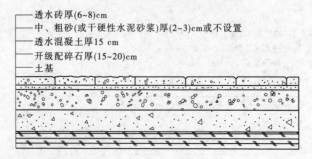

透水砖厚(6~8)cm
中、粗砂(或干硬性水泥砂浆)厚(2~3)cm或不设置
透水混凝土厚15 cm
开级配碎石厚(15~20)cm
土基

图 A.0.5 典型透水路面结构五

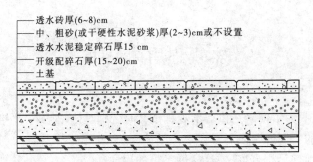

图 A.0.6　典型透水路面结构六

本规程用词说明

1 为了便于在执行本规程条文时区别对待,对要求严格程度不同的用词说明如下:

1)表示很严格,非这样做不可的用词:

正面词采用"必须",反面词采用"严禁"。

2)表示严格,在正常情况下均应这样做的用词。

正面词采用"应",反面词采用"不应"或"不得"。

3)表示允许稍有选择,在条件允许时首先应这样做的用词:

正面词采用"宜",反面词采用"不宜"。

4)表示有选择,在一定条件下可以这样做的用词,采用"可"。

2 本条文中指明应按其他有关标准执行的写法为:"应符合……的规定"或"应按……执行"。

引用标准名录

1 《通用硅酸盐水泥》GB175
2 《混凝土外加剂》GB8076
3 《混凝土外加剂应用技术规范》GB50119
4 《用于水泥和混凝土中的粉煤灰》GB/T1596
5 《混凝土和砂浆用再生细骨料》GB/T25176
6 《用于水泥和混凝土中的粒化高炉矿渣粉》GB/T18046
7 《混凝土用再生粗骨料》GB/T25177
8 《砂浆和混凝土用硅灰》GB/T27690
9 《混凝土强度检验评定标准》GB/T50107
10 《普通混凝土长期性能和耐久性能试验方法标准》GB/T50082
11 《城市道路设计规范》CJJ37
12 《城镇道路路面设计规范》CJJ169
13 《透水水泥混凝土路面技术规程》CJJ/T135
14 《再生骨料透水混凝土应用技术规程》CJJ/T253
15 《混凝土用水标准》JGJ63
16 《再生骨料地面砖和透水砖》CJ/T400
17 《公路路基路面现场测试规程》JTGE60

河南省工程建设标准

建筑垃圾再生骨料透水铺装应用技术规程

DBJ41/T187－2017

条 文 说 明

目　次

1 总　则

1.0.1　再生骨料透水砖和再生骨料透水水泥混凝土作为新型生态环保型产品,不仅可以促进建筑垃圾的资源化利用,为再生骨料提供新的应用领域,而且对城市生态环境的改善具有重要意义。为了贯彻国家建筑垃圾资源化利用、环境保护政策,解决城市内涝问题和提高地下水补给途径,使再生骨料透水铺装技术在设计、施工、监理和检验中统一管理,特制定本规程。

1.0.2　因再生骨料力学性能与坚硬的天然骨料相比,普遍存在一定的差距,再生骨料透水砖和再生骨料透水水泥混凝土力学性能相对低于天然骨料配制的透水砖和透水水泥混凝土,因此本规程中未将机动车道路纳入再生骨料透水铺装路面的应用范围。

1.0.3　再生骨料透水砖和再生骨料透水水泥混凝土的原材料、成品及在工程中的应用涉及不同的国家标准和行业标准,在使用中除应执行本规程外,还应满足涉及的其他现行标准、规范的规定。

2 术 语

2.0.2 本条明确透水铺装的概念。

2.0.3 本条明确再生骨料透水砖的概念。

2.0.4 全部由再生骨料或部分再生骨料和部分天然骨料掺配而成的骨料制备的透水水泥混凝土,均为再生骨料混凝土。对于复配骨料,规定了再生骨料的最小取代率。

3 基本规定

3.0.2 再生骨料透水砖和再生骨料透水水泥混凝土路面要同时兼顾其透水性能、力学性能,对于有抗冻要求的地区,还要满足相应的抗冻要求。

3.0.4 透水铺装路面下的土基应具有一定的渗透能力,土壤渗透系数应不小于 1.0×10^{-4} cm/s,且渗透面距离地下水位应大于 1.0 m。对于渗透系数小于 1.0×10^{-5} cm/s 的黏性土、膨胀土等不良土基,不宜修建透水路面。

3.0.7 路面工程采用透水砖或透水水泥混凝土的主要目的是使雨水能够渗透地表还原为地下水,但是对于有潜在陡坡坍塌、滑坡和自然环境造成危害的场所,雨水下渗可能会引发相应的灾害,对于此类场所的路面工程不应采用再生骨料透水砖和再生骨料透水水泥混凝土。

由于再生骨料透水砖和再生骨料透水水泥混凝土孔隙率较大,其抗冻性能相对较差,因此对于严寒地区的路面工程不应采用再生骨料透水砖和再生骨料透水水泥混凝土。

4 材 料

4.0.1 再生骨料一般是由建筑垃圾中的混凝土、砂浆、石或者砖瓦等加工而成的颗粒。对于透水水泥混凝土而言,对骨料的性能要求较高,因此制备透水水泥混凝土用再生骨料应选用以混凝土和石块为主的建筑垃圾原料。

原则上,下列情况下的建筑垃圾不得用于生产再生骨料:

1 建筑垃圾来自特殊使用场合的混凝土(如核电站、医院放射室等)。

2 建筑垃圾中的硫化物含量高于 600 mg/L。

3 建筑垃圾已受重金属或有机物污染。

4 建筑垃圾已受硫酸盐或氯盐等腐蚀介质严重侵蚀。

5 原混凝土已发生严重的碱–骨料反应。

4.0.2 本规程在编制过程中,通过大量的验证试验证明,满足现行行业标准《再生骨料透水混凝土应用技术规程》CJJ/T253 规定的再生骨料可以配制出满足透水水泥混凝土面层要求的再生骨料透水水泥混凝土;符合现行国家标准《混凝土用再生粗骨料》GB/T25177 中的Ⅲ类再生粗骨料可以满足透水基层的要求。

4.0.4~4.0.9 再生骨料透水水泥混凝土宜采用强度等级不低于42.5 级的硅酸盐水泥或普通硅酸盐水泥,在配制中所涉及的其他原材料应符合相应的标准规定。

4.0.13 再生骨料透水水泥混凝土浆体较少,制备后易于失水从而影响工作性,由于其工作性对硬化后混凝土的质量至关重要,因此在具体工程施工时,混凝土的凝结时间应满足要求。

4.0.14 混凝土拌合物松散,不利于骨料黏结;拌合物加水过多或减水剂掺量过大，浆体流动性大，不能均匀包裹骨料。工作性良好的拌合物浆体包裹均匀，手攥成团。

5 设 计

5.2 土 基

5.2.2 设置垫层的主要目的是防止土基中细粒土的反渗,试验中采用中砂或粗砂垫层厚度(40~50)mm 就能达到找平、反渗的效果。另外,也可用粉煤灰、炉渣灰、再生骨料等材料代替砂垫层。

5.3 基 层

5.3.1~5.3.5 基层主要功能是透水、储水。因此,采用级配碎石做基层时,应注意其级配。表 5.3.2~表 5.3.4 为经试验证明能满足要求的推荐级配。

再生骨料透水水泥混凝土基层配比参照范围:水灰比 0.38 左右,水泥用量(245~270)kg/m³,碎石用量 1 600 kg/m³左右。

透水水泥稳定碎石基层配比参照范围:水灰比 0.38 左右,水泥用量(178~190)kg/m³,碎石用量 1 600 kg/m³左右。

5.3.7 本条中硅酸盐水泥或普通硅酸盐水泥终凝时间较长是指终凝时间在 6 h 以上。

5.4 面 层

5.4.3 找平层通常是在原结构面存在高低不平或坡度铺设,有利于在其上面铺设面层。找平层可采用中、粗砂或干硬性水泥砂浆。通过大量试验,干硬性砂浆找平层的配比参考范围为:水泥:砂 = 1:(5~7)(质量比)。

5.4.4 把再生骨料透水水泥混凝土路面结构分为全透水结构和

半透水结构两种类型。全透水结构适用于人行道、步行街、非机动车道、广场及非机动车停车场,半透水结构适用于轻型荷载机动车停车场。

本条也阐明了路面全透水和半透水的结构组成,现行行业标准《再生骨料透水混凝土应用技术规程》CJJ/T253 规定了结构各组合层应采用的材料选择范围,供设计人员根据实际情况参考选用。

由于再生骨料由含有砂浆块等较软弱的颗粒组成,颗粒性能不均匀,不宜用于路面的上面层,因此设计人员宜优先选用双面层组合设计。从工程成本的角度考虑,上面层采用适宜厚度的坚硬、耐久的天然骨料配制透水水泥混凝土面层,下面层采用适宜厚度的再生骨料透水水泥混凝土,有利于降低成本。从透水性能的角度考虑,上、下面层可以设计成不同的孔隙率,下面层设计成相对较大的孔隙率,可以减小透水水泥混凝土日久堵孔现象的发生。上面层可以使用性能良好、骨料颗粒较小且坚硬的天然骨料透水水泥混凝土,下面层可以使用颗粒较大、性能相对较差的再生骨料透水水泥混凝土。

5.4.5 规定了全透水结构组合设计示意图,作为设计人员设计的参考依据。

5.4.6 规定了双面层全透水结构设计时的各层厚度、透水系数、力学性能及骨料最大粒径的要求,作为设计人员设计的参考依据。

透水上面层骨料不宜过大,宜选用粒径较小的单一粒径碎石。透水下面层可以选用粒径稍大的单一粒径再生骨料。

5.4.7 规定了单面层全透水结构设计时的各层厚度、力学性能及骨料最大粒径的要求,作为设计人员设计的参考依据。

5.4.8、5.4.9 规定了半透水结构组合设计示意图,并规定了各层厚度、透水系数、力学性能及骨料最大粒径的要求,作为设计人员设计的参考依据。

由于人行道、步行街、非机动车道、广场承受荷载较小,结构组合设计中一般采用全透水结构,当工程需要采用半透水结构时,其设计可参照第5.4.8条、第5.4.9条进行。

当透水水泥混凝土路面和机动车道相邻时,为了防止雨水下渗影响临近路面结构及土基,透水水泥混凝土路面应采用半透水结构。

5.5 结构层与组合设计

5.5.1~5.5.4 规定了透水水泥混凝土缩缝、胀缝及施工缝的设置原则及方法,提出了构造缝示意图。

缩缝宜采用等间距布置,间距不大于6 m,且不小于板宽,当缩缝间距小于板宽时,最不利荷载位置已经改变到横缝边缘,不适用路面设计时采用的结构应力和路面厚度计算公式,因此要保证路面厚度设计计算时的最不利荷载位置。

胀缝间距视膨胀量大小而定,膨胀量大小取决于温度差(施工时温度与试用期最高温度之差)、骨料的膨胀性(线膨胀系数)、透水结构层和透水面层出现膨胀位移的活动区长度。

5.6 排水设计

5.6.1 规定了再生骨料透水砖路面的排水系统设置原则及方法,并提出了排水系统设置示意图。

5.6.2 再生骨料透水水泥混凝土路面的排水系统设计应符合现行行业标准《城市道路设计规范》CJJ37 和《透水水泥混凝土路面技术规程》CJJ/T135 的有关规定,以保证标准之间的协调性。

6 施 工

6.1 一般规定

6.1.1 本条是对企业施工人员不断提高技术素质的基础要求。

6.1.2 本条是对施工单位在施工中技术、质量、安全等方面的管理性要求。

6.1.3 本条是对施工组织设计的基本内容要求。施工单位在施工中应根据工程规模、特点、合同要求,依据施工组织设计组织施工,遇有突变情况应及时对施工组织设计进行具体的补充完善,并及时与监理工程师沟通,且应履行相应的审批程序。

6.2 土基与基层施工

6.2.1～6.2.7 概述了道路施工过程中土基、垫层、基层与找平层的施工方法、要求及相应的注意事项。

6.3 面层施工

6.3.1 本条详述了再生骨料透水砖面层的铺设方法、要求及相应的注意事项。

实践证明,透水砖面层按本条规定施工完成后,采用小型振动碾压机由路边缘向中间路面碾压2～3次,对透水砖路面工程外观质量和使用质量都有很大的提高。

6.3.2 本条详述了再生骨料透水砖铺设到特殊部位时铺设方法、要求及相应的注意事项。

透水砖面层边界约束对提高透水砖路面工程外观质量和使用

耐久性作用很大。透水砖面层应设置路缘石,对人行道、广场等无路缘石路面边缘部位的施工,可采用现浇混凝土止挡法或透水砖竖砌法或预制混凝土块或石条等方式进行边界约束。对于大面积铺装透水砖的路面也可考虑每间隔一定距离进行分格约束,以提高工程外观质量和使用耐久性。

6.3.3 本条概述了再生骨料透水水泥混凝土的施工工艺流程。

6.3.4 本条是对再生骨料透水水泥混凝土的制备和运输的要求。

透水水泥混凝土的搅拌必须采用机械搅拌,且宜采用强制式搅拌机生产。透水水泥混凝土的初凝时间短,拌和后不宜过长时间停留。搅拌地点应靠近施工现场,才能保证运输时间不超过规定范围,进而保证施工质量。

采用强制式搅拌机生产时,宜优先采用水泥裹石法,这样可以先把再生骨料表面的微粉洗净,然后骨料表面包裹一层水泥浆,这层水泥浆水胶比较低,能够保证透水水泥混凝土的强度。水泥裹石法可采用如下方法:先将骨料和50%用水量加入强制式搅拌机拌和30 s,再加入胶凝材料和外加剂拌和40 s,最后加入剩余用水量拌和50 s以上。

施工气温对初凝时间有影响,根据不同的温度,提出适宜的施工作业控制时间,保证混凝土在初凝之前浇筑完毕。表6.3.4中的参数主要参照了《再生骨料透水混凝土应用技术规程》CJJ/T253中的规定。

6.3.5 本条强调了模板高度应与透水水泥混凝土路面厚度一致,否则施工完成后的透水水泥混凝土厚度无法保证。钢模板具有刚度大、不易变形、周转率高等特点,其性能优于木模板;木模板宜选用质地坚实、变形小的材质。

模板支设的间距应根据模板材料、模板在顺直和弯曲不同情况下区别选择。在木胶模板背后加背楞是为了增加模板刚度,使其能够承受施工机械的冲击而不变形。

6.3.6 再生骨料透水水泥混凝土的虚铺厚度系数宜根据现场试验确定,确保施工时一次铺料到位,避免二次铺料,影响路面施工质量。施工时对边角等细部位置处理要特别注意,发现有缺料现象,应及时补料压实。

为了保证上、下面层结合为一体,上面层必须在下面层初凝之前进行摊铺,且上面层与下面层铺设时间间隔不应大于 1 h,在施工时还应防止上面层对下面层的破坏。

6.3.7 再生骨料透水水泥混凝土面层施工期间,施工人员应穿减压鞋,减少施工人员自重影响。用低频平板振动器振动时,应注意防止过振导致的离析现象而影响透水性能。

6.3.9 再生骨料透水水泥混凝土极易失水,比普通混凝土的养护要求更为苛刻,因此透水水泥混凝土路面施工完成后,应及时采用塑料薄膜等材料覆盖保湿养护。在养护期间,定时浇水养护,做好保湿工作。

养护期间应保证塑料薄膜的完整,当破损时应立即修补,避免局部失水影响养护效果。

6.4 季节性施工

6.4.2 由于再生骨料透水水泥混凝土胶凝材料用量少,低温天气温度增长较慢,冬季当室外日平均气温连续 5 d 低于 5 ℃时,透水性混凝土路面不得施工。

6.4.3~6.4.5 提出了路面夏季施工的有关规定和措施。由于再生骨料透水水泥混凝土胶凝材料用量少,又为多孔隙结构,极容易失水干燥,因此对于夏季施工一方面要注意采取降温措施,另一方面应避开高温天气施工。

6.4.6~6.4.8 提出了路面雨季施工的有关规定和措施。根据雨季施工特点分轻重缓急,对不适于雨季施工的工程可以拖后或移前。同时,对于雨季施工,还要考虑到既不影响工程顺利进行,又不过多增加雨季施工费用,要善于利用各种有利条件,减少防雨措施,加快施工进度,加强生产调度工作,合理安排作业时间,搞好雨季施工期间材料储备,定期组织雨季施工交底和检查。

7 质量检验与竣工验收

7.1 一般规定

7.1.2 本条规定了建设单位(项目)负责人负责组织施工(含分包单位)、勘察、设计、监理等单位(项目)负责人进行单位工程竣工验收。

7.2 检验标准

7.2.1~7.2.3 对道路施工过程中土基、垫层、级配碎石基层的压实度及外观检验标准做出了规定。

7.2.4、7.2.5 此两条分别对再生骨料透水砖路面质量检验的检查数量、方法和评定规则做出了规定,测试方法和性能要求应符合相应的标准规定。

7.2.6、7.2.7 此两条对再生骨料透水水泥混凝土所用的原材料质量检验做出了规定,测试方法和性能要求应符合相应的标准规定,同时规定了透水水泥混凝土面层的主控项目抗压强度、抗折强度、透水系数等的检查数量、方法和评定规则。